すばらしい空の見つけかた

武田康男［写真・文］

草思社

はじめに

　本書と同じコンセプトで以前に刊行した『すごい空の見つけ方』から16年、『すごい空の見つけかた2』からは13年が経った（いずれも草思社刊）。その後、空の科学や、空を撮影する技術は、進歩を続けてきた。

　例えば、近年になって雷に関係する発光現象が新たにわかったり、蜃気楼が観察できる場所が次々発見されたりしている。また、雲の科学的分類が更新され、新しい名称の雲が加わった。

　カメラはかなり進歩した。フィルムカメラからデジタルカメラになって膨大な量が記録できるようになった。カメラには動画機能もあり、4Kや8Kで音を付けて記録することもできる。レンズなどの周辺機器の性能も向上し、センサーは高解像・高感度になった。以前は撮影が不可能だった現象も、はっきりと写るようになった。

　私は、このような進歩を取り込みつつ、前著刊行後も「すごい空」「すばらしい空」を追い求め、国内外で撮影を続けてきた。その中から、選りすぐった41のテーマについて、とっておきの写真を載せ、科学的な解説を行ったのが本書である。

　空の科学の新展開については、現場に行って自分の目で確かめ、正しく記録した写真を掲載している。以前から撮影してきた現象・被写体も、最新の高性能なカメラと、魚眼レンズから超望遠レンズまでを使って、より鮮明に撮影したり、新たに撮影が可能になった別の側面を紹介する写真を掲載したりしている。

　とはいえ、空の現象の撮影が、すべて科学知識と技術だけでうまくいくわけではない。空にも探検という要素がある。天気を判断して条件のよい場所に行き、一瞬の光景をタイミングよく狙う。暑さや寒さ、強風や大雨、徹夜などの撮影の辛さもあるが、大気の現象は五感で感じることが重要だ。そして、成功したときの充実感は心地よい。

　最後になるが、本書にきれいな図を描いてくださった安原萌さんに感謝したい。

武田 康男

はじめに 2
10種雲形解説図 8

第1章
雲・雨・雪・雷 9

五重の笠雲	五重塔のような雲を生んだ風の正体	10
雲海と地球影とビーナスベルト	地球が丸いからこそ見られる現象	12
笠雲の夕焼け	雲に赤いリングができたのはなぜ？	14
前線通過の雲	文字通り「線」状の雲が迫ってくる	16
都心の雷	東京の雷の観察に絶好の場所	18
笠雲とつるし雲	翼のような形になったのはなぜ？	20
富士山からの朝焼け	登頂しない富士登山で見る絶景	22
ブルースターター	雷とともに雲上で起きる発光現象	24

くっついた雪の結晶	難しかった雪結晶の撮影が簡単に	26
富士山と乳房雲	乳房雲の塊1つの大きさは？	28
富士山から見た落雷	雷を見下ろす不思議な光景	30
煙と熱積雲	雲の科学的分類に新しく加わった雲	32
荒底雲と富士山	新しく分類に加わった雲はまだある	34
青天の霹靂	晴れた空の下でも落雷は起こる	36
新燃岳の噴煙	白い噴煙と灰色の噴煙の違いとは？	38

第2章
不思議な光・光の不思議　41

立山連峰と大きな虹	神聖な山での神秘的な虹との出会い	42
ウユニ塩湖の積乱雲	湖が波ひとつない水鏡となる理由	44

グリーンフラッシュ	太陽が沈み切る瞬間に見える緑の光	46
ライトピラー	美しい光の柱が現れたのはなぜ？	48
天使の梯子	雲がつくる天然のスポットライト	50
逆さ富士	湖で逆さ富士を見るのが難しい理由	52
ウユニ塩湖の蜃気楼	水がないのに逆さに映るのはなぜ？	54
過剰虹	普通の虹とは違うしくみで現れる	56
ハワイの溶岩と火映	溶岩が放つ赤い光が空を照らす	58
猪苗代湖の不思議な蜃気楼	実像の上で反転する蜃気楼像	60
笠雲の彩雲	彩雲が見られるのはどんなとき？	62
東京のマジックアワー	東京の新名所から望む絶景の夕焼け	64
蜃気楼の朝日	大きく複雑に変形したのはなぜ？	66
月虹	月夜で雨のときにしか見られない	68

第3章
高い空・月・太陽・宇宙　　71

空に広がるオーロラ	オーロラが近づいて去っていくまで	72
夜光雲	地球大気の変化を表す雲	74
スプライト	落雷時に数十km上空で光る「妖精」	76
モンゴルの天の川と大気光	人工光のない広大な平原で見る夜空	78
火球	流星より強く輝き隕石になることも	80
皆既月食中の天王星食	太陽と地球と月と天王星が直線上に	82
紫金山・アトラス彗星	彗星は突然現れることがある	84
飛行機から撮影したオーロラ	スマホできれいに撮れることもある	86
ロケット雲と富士山	日没後、高度数十kmで輝いた光の帯	88

流星痕	空に浮かぶ光のすじが曲がりくねる	90
巨大太陽黒点	肉眼で確認できるほど大きな黒点群	92
低緯度オーロラ	大規模フレアが起こす、まれな現象	94

コラム

日没後も高い場所に日が当たる理由	40
蜃気楼とは何か	70

本文デザイン：Malpu Design（佐野佳子）

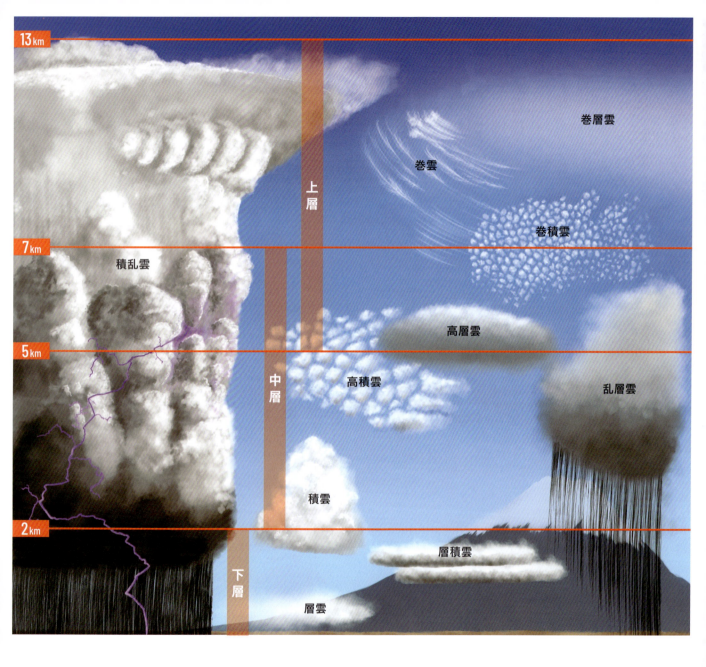

図 | **10種雲形** 雲は、大きくは10種類に分類され、これを「10種雲形」という。雲の種類によって見た目が異なるだけでなく、できる高度の範囲にも違いがある。雲は、さらに詳細には約100種類に分けられ、その分類は世界気象機関の「国際雲図帳」によって定められている。

第1章
雲・雨・雪・雷

富士山からの大雲海

五重の笠雲
五重塔のような雲を生んだ風の正体

　富士山の笠雲は、上下に複数重なることがある。二重になったものはしばしばあるが、ここまで多重のものは珍しい。この写真は五重になっていて、まるで五重塔のようでもある。ネットの世界では合成されたのであろう写真も見られるが、これは事実である。

　この写真を撮った2023年12月7日は、前日に低気圧が太平洋の沖を東の方へ通り抜けて、西高東低の冬型の気圧配置となった。一方で日本海の沖にも低気圧ができ、前線が発達して北陸で激しい雷雨となり、日本海側を中心にして湿った空気と寒気が入っていた。冬型の気圧配置のときの富士山はふつうよく晴れるが、冬の初めのそうした複雑な状況が加わり、五重の笠雲ができたと考えられる。翌日は九州や東日本で初霜や初氷があった。

　笠雲は、風が吹いても位置が同じだが、形がどんどん変わっていく。富士山の上を乗り越える湿った風が、一定の流れではなく変化しているからだ。この日のような風の場合は、長野県や山梨県の3000m級の山々を超えた波打つ風が流れ込むため、風が上下左右に乱れ、笠雲は多重になることがある。

　静岡県側の海からの風は、平坦な海上からくるので、笠雲が多重となるような乱れは少ない。ただし、海からの風は水蒸気量が多く、笠雲が巨大になることがある。この場合は静岡県側の方が雲ができやすく、東海道新幹線から見る富士山は裾野からよく見えて、笠雲も高く感じる。

　富士山の登山はかなり辛く、一般の人は7月から9月10日の間しか登れない。そのため、富士山は麓から楽しむ山と思う人も多いだろう。笠雲は1年に数十回も楽しむことができる。

12月7時 | 山梨県

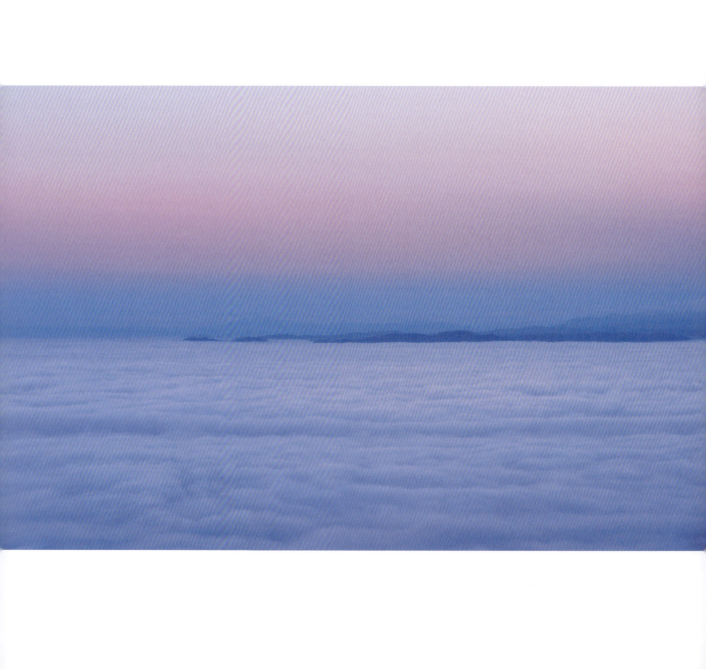

雲海と地球影とビーナスベルト
地球が丸いからこそ見られる現象

　日の出前、「雲海」の上に暗く青い「地球影」ができ、その上に赤紫色の「ビーナスベルト」が輝いた。夏山でしばしば見る光景であるが、この写真は12月に茨城県の530mほどの低い山から見たものである。この雲海は、高い夏山で見下ろす層積雲（高度500～2000m）ではなく、もっと低い層雲（高度0～500m）や霧だ。盆地の雲海が見られることはよくあるが、これは栃木県の関東平野に雲海が広がった写真である。内陸の栃木県では、盆地のように冷えて低い雲や霧ができやすい。

　地球影は、太陽光による地球の影が空に映ったもので、青い色は上空の空の青さを反映している。成層圏（高度10km程度以上）にはすでに太陽の光が当たっていて、地球影の上が少し明るい（40ページのコラム参照）。成層圏内では赤系の色がよく散乱し、空の青さが混じった赤紫色の美しい帯、ビーナスベルトができる。このあとビーナスベルトがどんどん下がって、地球影も少なくなっていくと、反対の空から朝日が昇る。地球影が完全になくならないうちに朝日が昇るのは、地球が丸いからである。視線の先の西の方は日の出が遅いので、地球影が残るのである。

　この時間帯は、ちょうど通勤時間で、霧の中を注意しながら車が走っている。朝霧は晴れといわれるように、地元の人はその後、快晴になることを知っている。層雲や霧は、太陽光が当たって気温が上昇すると、どんどん消えていく。そして1時間もすると雲海はすっかりなくなってしまう。

　ただ、こうした色彩豊かな光景は、場所を選ばないと見ることができない。日本列島にはさまざまな空の光景が広がっている。

12月7時｜茨城県

笠雲の夕焼け
雲に赤いリングができたのはなぜ？

　夕日の当たった富士山の笠雲に、リング状の模様が見られた。夕日が雲の右下の方から当たっていて、雲の中央付近が上の方へ凹んでいるためだと思う。笠雲の形状は、このような光の当たり方をしない限り、ふつうはわからない。

　日本一高い富士山には笠雲などのいろいろな雲ができる。朝夕に太陽光線が横や斜めから差すときは、それらの雲のいろいろな形の意味を知る絶好の機会となる。

　中央部が凹んでいる理由は、笠雲の成因と関係がある。富士山に湿った風がぶつかって斜面を上昇することで、空気が冷えて水蒸気が水滴になり、笠雲ができる。風が山頂を越えるとき、やや上に凸の形で風が通るため、それに合わせて雲が凹む。

　笠雲の上面でも、やや凸の形で風が流れるので、その形に添って笠雲の上面はわずかに上に膨らんでいる。雰囲気としてはお椀の蓋のような感じである。

　笠雲はレンズ雲と呼ばれる雲の一種である。ふつうのレンズ雲は下面も下方にやや凸になっているものが多いが、笠雲はそれらとちょっと形が違う。

　私は、定点カメラを使って富士山の空の写真を大量に撮っているので、このようなおもしろい、さまざまな現象を見てきた。日本一たくさんの種類の雲を見ることができる場所の膨大な写真からは、いろいろなことがわかってくる。雲は動くので、連続写真を動画にすると、富士山の形と雲のでき方の関係などがよくわかる。特に笠雲やつるし雲（20ページ参照）は変化に富み、さまざまな種類が存在する。季節ごとの雲の違いや、気圧配置との関係、風の強さとの関係など、さまざまな観点で富士山の雲を楽しむことができる。

11月17時｜山梨県

前線通過の雲
文字通り「線」状の雲が迫ってくる

　3月に停滞前線がゆっくり南下したとき、この不思議な形の雲が見られた。この雲の向こう側、停滞前線の北側には、寒気がある。その空気が南側（手前側）の暖気の下に流れ込むところにできた雲である。冷たい雨は雪に変わり、気温は前日から11℃も下がった。

　中学校の教科書では、寒冷前線通過時の天気の変化を扱う。寒冷前線通過時には南よりの風が、北または西よりの風に変わり、にわか雨が降って気温が低下する。そのようなときにも、この停滞前線の雲のようなものが見られる可能性があるが、風が強くて雲の形が崩れやすく、前線の雲をはっきり見るのは難しい。

　南極の昭和基地で越冬観測していたときに見た、ブリザードが近づいてくるようすは、この雲に似ていた。ブリザードは、大陸上の標高の高いところから、冷たい風が地面を這うように流れてくるのに伴って、発生する。

　発達した積乱雲が近づいてくるとき、先導するように、雲底にできるアーチ雲も、こんな感じである。アーチ雲通過後には、降水によって強力な下降気流「ダウンバースト」が起こり、突風が吹くこともある。

　一方、温暖前線の場合は、暖かい風が乗り上げるようにして高い空から先に接近するので、様相が違う。高い空から雲が増えてきたあとに、弱めの雨が降り続くことが多い。その後に気温が上がり、晴れ間も出てくる。

　寒冷前線や一部の停滞前線には、積乱雲がたくさん存在することがあるので、強い雨や急な強風に注意したい。集中豪雨は、台風や発達した低気圧だけでなく、停滞前線の場合も多い。

3月12時｜茨城県

都心の雷
東京の雷の観察に絶好の場所

　2024年の夏は、東京で雷が異常に多かった。過去最高クラスの暑さに加え、暖まった海からの湿った風が入りやすく、積乱雲が発達しやすかった。

　落雷は、観察や写真を撮るのに危険が伴う。急な強い雨に襲われることもある。東京で落雷を撮影したいとき、私は東京スカイツリーの展望台によく行く。窓ガラスは斜め下を向いていて雨がつきにくく、高いところなので遠くの落雷を見ることもできる。悪天時は混んでいないため、当日券ですぐに入れる。

　展望台からたくさん落雷を見ていると気づくことがある。雲から出た放電のうち、地表とつながるものは太く輝く。そして、放電路ができて何度も同じ経路で落雷を繰り返すことがある。この写真を見てもわかるが、決して高い建物に落ちるとは限らない。東京タワーなどに落ちることもあったが、低いビルにもよく落ちた。雷は経路や落ちる場所があらかじめ決まっているわけではなく、流れやすいところを探って進みながらどこかに行きつく。だからギザギザした形になりやすい。

　展望台では、雷にスマホを向けて写真や動画を撮っている外国人観光客も見かける。落雷が近くならほぼ同時に音が聞こえるが、1km離れるごとに3秒ずつ遅れて聞こえるようになり、10km以上も離れるとにぎやかな展望台からは音が聞こえなくなる。

　この写真は8K動画から切り出した静止画だ。写真よりも動画の方が効率よく記録できる。写真撮影でも、最近のカメラではプリ連写という機能を使うことで、光ったあとにシャッターを押せば、その1秒程度前の時間の連続写真を記録できる。

7月17時｜東京都

笠雲とつるし雲
翼のような形になったのはなぜ？

　富士山の笠雲（10ページ参照）はよく知られているが、「つるし雲」も形が不思議でおもしろい。海の方から富士山にぶつかった湿った風が、笠雲をつくって吹き下りたあと、再び上昇して雲をつくることがある。また、富士山の左右に分かれた風が風下側でぶつかることで上昇した風も、雲をつくる。それらによってできる雲をつるし雲という。

　つるし雲は、楕円形などの丸い形もあるが、左右に伸びた翼の形をしているものが多い。それが孤立峰である富士山のつるし雲に特有の形状である。この写真でも大きく伸びた2つの翼の形になっている。中央の雲は笠雲を超えた風によるもの、左右の雲は富士山を回り込んだ風によるものと思われる。富士山の背後に隠れた夕日によって逆光となり、笠雲とともに輪郭が輝いている。

　笠雲は同じ場所で形を変えるが、つるし雲は形が変わるだけでなく、位置が変わったり、複数できたりすることもある。つるし雲と富士山の距離は決まっておらず、富士山に近いこともあれば、写真の画角に収まらないほど遠いこともある。

　つるし雲の形は、動物などいろいろなものを連想させる。太陽の位置によっては、縁が彩雲（62ページ参照）となることもある。日本が誇る富士山のすばらしい雲であることは間違いない。南西からの湿った風によってできる場合が多い。その場合は山中湖（やまなかこ）の上にできやすく、忍野村（おしのむら）や河口湖（かわぐちこ）付近からは富士山と並んで見える。

　富士山頂からつるし雲を見たときは、富士山より少し高い位置にあった。視線の先で変化するようすからは、雲が生き物のように感じた。ただし、笠雲とつるし雲が同時に見られるときは、天気が悪くなることが多い。数時間先の雨に注意したい。

12月16時 | 山梨県

富士山からの朝焼け
登頂しない富士登山で見る絶景

　富士山から見た朝焼けの空である。丹沢山地と山中湖の向こうから朝日が差し、中層（高度2000〜7000m）の高積雲に下から朝日が当たり、赤く染まった。右下には雲海も広がっている。

　富士山には何度も登ったが、その空は毎回異なり、新たな発見がある。天気が悪くなる予報のときは登らないが、それでも一時的な雨や風に遭遇することはある。独立峰の富士山にはさまざまな風がぶつかりやすく、天気が変わりやすい。

　富士山のご来光は有名で、日本一高い山頂から見る日の出はとても美しい。この日はできればそれを見たいと考えて登ったが、八合目より上は強風で笠雲がかかっていた。そのようなときに山頂に行けば、日の出は見られず、寒くて辛い思いをするだけになる。そのため、八合目でゆっくり夜明けと日の出を待った。

　登頂するだけが富士登山ではない。私は八合目付近まで登って下りてくることもしばしばある。登山時間は短く、疲れはずっと少ない。八合目でも標高は3000m以上あり、山頂から見る日の出とあまり変わりはない。日本アルプスもだいたい3000mである。

　富士山に登れるのは7月から9月10日までで、それ以外はプロの冬山登山だけに限定される。7月はまだ梅雨で大雨も降りやすい。7月下旬に梅雨が明けてから10日間くらいは、天気が安定していることが多い。その後は台風接近の心配もある。9月に入る頃は偏西風による冷たい風が吹きやすく、夜の時間が長くなって気温が下がる。

　積雪期以外は、富士山五合目にバスや自動車で行ける。そこでもきれいな雲海と美しい朝日が見られる。

8月5時 ｜ 山梨県

ブルースターター
雷とともに雲上で起きる発光現象

　雷雲の上の方には不思議な現象が起こる。高度40〜90km付近で落雷とほぼ同時に起こる赤いスプライトは、近年よく知られるようになって撮影例も多い（76ページ参照）。スプライトよりももっと低いところ、雷雲からすぐ上へ出て行く青い輝きも知られるようになった。これをブルージェットという。

　ブルージェットの始まりの部分で、青い短い輝きはブルースターターと呼ばれる。この写真はブルースターターと思われる。激しい活動の雷雲が、撮影地点から20〜30km程度離れたところにあり、ブルージェットやブルースターターが現れないかと思って待ち構えた。雷光を数十回撮影したうち、1回だけにブルースターターが写った。

　ブルースターターの光る時間は、スプライトと同じく一瞬で、明るさはスプライトより少し明るく、肉眼では一瞬かすかに感じる程度である。やや紫色がかった青い光が大きな雷雲の上の方のかなとこ雲から出発し、上方へ広がりながら分かれた。黄色や橙色に光る雷雲に対し、ブルースターターの青い色彩が印象的だ。

　このような超高層の放電発光現象は、まだよくわかっていないことが多い。ブルージェットやブルースターターの観測例はとても少ない。2024年夏は南関東で異常に雷が多かったので、千葉県柏市からブルースターターを撮影することができた。

　ブルースターターからブルージェット、さらにはスプライトまでつながる巨大ジェットという現象もある。これも日本で記録したいと思っている。

6月23時 | 千葉県

くっついた雪の結晶
難しかった雪結晶の撮影が簡単に

　かつて南極・昭和基地に越冬隊員として滞在したときは、雪の結晶を撮影するのに顕微鏡を使った。スライドガラスに筆先で結晶を載せるのに苦労したものだった。最近では顕微鏡モードと照明のあるコンパクトデジカメで簡単に写せるようになった。

　背景として青いアクリル板を用意し、そこに雪の結晶を受けて、カメラを当て、ピントが合ったらシャッターを押す。立体的な結晶だと、一部にしかピントが合わないことがあるが、カメラの「深度合成」の機能を使えば、ピントをずらした数枚の写真をカメラが自動で撮って、結晶全体にピントが合った写真をつくってくれる。

　大きな樹枝状の雪の結晶は、マイナス14℃程度の雲の中で成長する。そうした雲が頭上にあるとき、大きな美しい結晶が降ってくる。私は北海道大雪山中腹の旭岳温泉が撮影場所として気に入っている。寒気がやってきたときは女満別空港などの平地でも撮影できた。本州では、栃木県の奥日光や長野県の志賀高原など標高1400〜2300m程度の場所で、きれいな雪の結晶を撮影することができた。

　この写真の雪の結晶は、まるで親子のようで、合体して降ってきた。右上の方に六角短柱状の小さな結晶が斜めにくっついている。このような六角短柱状の形は多くの結晶の中心にも見られ、ここから雪の結晶が成長していく。

　南極で筆先に雪の結晶をつけようとしたときに、筆先にくっつくものや、反発するものがあり、結晶が弱い静電気をもっていることを感じた。空でも、雪の結晶どうしが静電気でくっつくこともあるのではないかと思う。集まった結晶の観察も興味深い。

2月10時｜北海道

富士山と乳房雲
乳房雲の塊1つの大きさは？

「乳房雲(にゅうぼううん)」は、雲の底に丸みのあるかたまりがたくさん垂れ下がっているもののことをいう。動物のたくさんある乳房のようだ。乳房雲は巻雲、巻積雲、高積雲、高層雲、層積雲、積乱雲などいろいろな雲の下側にできる。この写真は富士山のすぐ上の高度4000～5000m付近にあるので、高層雲にできた乳房雲である。

この日は梅雨の期間で、富士山の近くに停滞前線があった。その前線に向かってやってきた暖かく湿った風が、富士山周辺に入り、雲の水分が増えて乳房雲ができたと思われる。その風に押され、このあと停滞前線は東北地方まで北上した。それに伴い雨雲も移動して、富士山付近には晴れ間が出た。

この日は例外だが、乳房雲が広がると雨になっていくことが多い。大雨になったり、雨が長く続いたりすることもある。積乱雲のかなとこ雲の部分に乳房雲が見えたら、すぐ大雨になる可能性もあるので注意したい。積乱雲の場合は乳房雲の様子が異様に感じられることが多い。

写真に富士山が入ると、雲の高さだけでなく、雲の大きさなども比較しやすい。富士山の火口の直径は約700mなので、乳房雲の1つ1つはそれより少し小さいことがわかる。高層雲の中で色の濃淡があるのは、雲の厚みが違うことや、乳房雲の部分で水分が多いためである。

こうした珍しい雲はだいたい数分間で姿を変えて、なくなってしまう。虹やハロなどの気象光学現象も数分間程度のことが多い。それらを撮影しようとしても、カメラをすぐに取り出せるようにしていないと、チャンスを逃してしまう。

7月7時｜山梨県

富士山から見た落雷
雷を見下ろす不思議な光景

　夏の富士山は、他の高い山と比べ、雷が意外に少ない。内陸の長野県方面の山よりも積乱雲が発生しにくい。海からの湿った風は富士山を越えて内陸の方へ入っていく。ただし、上空に寒気があるときや、前線や台風などの接近時は富士山でも雷が起こる。

　富士登山は7月から9月上旬までであるが、富士山五合目までは冬の積雪時期以外なら車やバスで行くことができる。富士スバルライン口や須走(すばしり)口や富士宮口は、標高が約2000～2400mあり、遠くまで空を見渡すことができる。五合目の駐車場付近からも空の絶景を観察することができる。

　夜は、近くに雲がなければ、群馬県、埼玉県や長野県などの雷がよく見える。数十km以上離れているので音はまったく聞こえない。雲の中で光る雷や、雲から飛び出す稲妻や落雷が見られる。最遠では200kmほど離れた新潟の雷雲が見られた。

　神奈川県付近のやや近い雷を車の中から見ることができた。視線の向こうに大きく見えた雷雲から、地表に向けて突然、稲妻が走った。落雷が下に見える不思議な瞬間だった。雲の内部でも稲妻が走ったようで、雲が光って空が明るくなった。遠くの雷は、夕日が赤くなるように、遠ければ遠いほど赤っぽい色に見えるが、近い雷は紫色に近い。空気中の窒素が輝く色が多いからだ。背景の空が青くなっているのは、昼間の青空のように、空気が青系の色を散乱させているのであろう。

　山の雷は、横に流れてくることもあるので気をつけたい。音が聞こえる距離はすでに危険だ。山の中で遭遇したら、低い窪地などに隠れる必要がある。ただし、沢は雨が降ると増水するので危険である。

9月20時 | 静岡県

煙と熱積雲
雲の科学的分類に新しく加わった雲

　富士山麓の演習場の野焼きで草が燃やされ、大量の煙が上がった。煙とともにすすが空に上り、青空が灰色や暗灰色に染まった。風の穏やかな日であったが、盛夏の時期以外は、上空に偏西風が吹いているので、上昇した煙は左（東）へ流されていくことが多い。

　ここで注目したいのは、煙の上に白く見える雲である。燃焼により上昇気流が発生し、持ち上げられた空気中の水蒸気が、上空ですすやチリなどを芯として凝結することでできた珍しい雲だ。山火事などの大規模な火災や火山の噴火によってもこうした雲はできる。

　さらに上昇気流が激しいと、積乱雲に成長し、雷を伴う強い雨が降り、突風などの風をもたらす可能性がある。海外では大規模な森林火災などで見られるが、日本では観測例がほとんどない。広島と長崎の原爆による黒い雨はこうしたものだったのかもしれない。

　2017年に新しくなった世界気象機関の国際雲図帳（雲の分類を定めるもの）で、起源が特殊な雲として、分類に「Flammagenitus（熱対流雲）」が新たに付け加えられた。熱積雲ともいい、積乱雲になることもある。なお、工場の煙突の上などにできる積雲は、飛行機雲と一緒に、「Homogenitus（人為起源雲）」と分類されることになった。

　この写真を撮ったときに富士山の噴火を想像した。激しい噴火で熱対流雲（積雲、積乱雲）ができるとともに、大量の火山灰が上空の風（偏西風）に流され、関東地方へ向かう可能性がある。

　山中湖は富士山を眺める絶好の地なのだが、このような状況の日もある。演習による大砲の音が響くことにも驚く。

4月10時 | 山梨県

荒底雲と富士山
新しく分類に加わった雲はまだある

　2017年に国際雲図帳が新しくなり、新たに雲の分類が追加された（33ページ参照）。この写真の雲もその1つで、アスペリタスという学名がついたものだ。これまではアスペラトゥス波状雲などといわれていた雲である。写真を逆さにするとよくわかるが、雲底が荒波のようにうねっているのが特徴だ。

　和名（俗称）はまだ決まっていないので、「荒底雲（こうていうん）」という名を提案している。うろこ雲やわた雲などといったこれまでの雲の俗称と同様に、言葉から形がわかるものをと考えた。カタカナの学名より親近感があると思う。

　この荒底雲は、層積雲の底にできたものだ。層積雲は下層（高度0〜2000m）にできる雲で、空気が冷えたときにできやすく、冬に多い雲である。気温が低い南極では、雲の多くは層積雲だ。この写真は秋の後半で、雪が降った富士山を雲が隠し、ひんやりした感じだ。

　雲の形は荒れているが、地上で強い風が吹いたり、激しい雨にはなったりはしていない。手前の山中湖の湖面は穏やかで、雲だけが騒いでいる。積乱雲の底にも似たような模様ができるが、そのときは空がかなり暗くなり、急な強い雨風に注意する必要がある。

　国際雲図帳に追加された新しい雲にはロール雲、穴あき雲、波頭雲（はとううん）、壁雲（かべぐも）、尻尾雲、流入帯雲などがある。ロール雲や穴あき雲はこれまでもよく知られていた。波頭雲はケルビン-ヘルムホルツ波雲などといわれていたものだ。壁雲、尻尾雲や流入帯雲は大きな積乱雲に伴う雲で、日本ではめったに見られない。飛行機や火災や噴火由来の雲や、滝つぼのしぶきによる雲、森林からの蒸散の雲なども新たに加えられた。

10月9時｜山梨県

青天の霹靂
晴れた空の下でも落雷は起こる

　「青天の霹靂(へきれき)」は思いがけず突然に生じた出来事を指す言葉としてしばしば使われる。しかし、霹靂とは本来、雷の意味で、青天の霹靂とは「晴れた空に起こる雷」のことだ。この写真の落雷がそうである。

　落雷は通常、雷雲の下で起こる。雷雲内にたまった電気が地表との間で放電する場合、真下に行く経路の方が抵抗が少ないからだ。雷雲の電気は、雲の粒が氷になっている数kmより上の方にたまる（下の方は水滴の雲）。上昇気流による氷の粒どうしの衝突で電気が発生し、小さな氷は雲の上の方でプラス、大きめの氷がその下でマイナスの電気を蓄えていることが多い。

　このため雷は、雷雲の上の方で雲の中や雲と雲の間に発生するものと、雷雲の中を通って真下の地面に達するものがほとんどである。が、上方や横方向に雲を飛び出す雷もある。そして横に飛び出した雷が、この写真のように地面へ向かうことがある。すると晴れた空からの落雷となる。

　真上に雷雲がないため、まさかここには落ちないだろうと思う。雨も降っていないからだ。雷鳴が聞こえていても、空が暗くならないと、雷雲の接近に気づかないかもしれない。公園や球技場、山での落雷事故の中には、青天の霹靂によるものもあるだろう。山の場合は、雲が近いのでより危険だ。

　雷が発生すると、空気が高温になって急膨張するので激しい音を出す。この音は十数kmくらい先まで届くが、雷雲の高さも10km以上になる。だから見上げる角度が45度よりも小さい雷雲からの音は、聞こえにくい（まれに30km程度まで音が届くこともある）。

8月19時｜千葉県

新燃岳の噴煙
白い噴煙と灰色の噴煙の違いとは？

　2018年3月10日の朝7時頃、鹿児島・宮崎県境にある新燃岳(しんもえだけ)が噴火したとき、火口から約3km離れた場所で撮影した噴煙である。朝日が右側から当たり、火山灰をたくさん含む噴煙が薄茶色や灰色になっている。

　噴火によるドンという大きな音が聞こえたときには、噴煙はこうして高く上がっていた。音は1秒間に340mほどと光よりもかなり遅いので、約10秒もかかって到達する。ガラスが激しく振動したあとにすぐ屋外に出たら、このような状況だった。

　火山の噴煙には、通常は水蒸気が多く含まれ、その水蒸気が水滴になるため、噴煙全体も白く見えることが多い。阿蘇山や浅間山などは、その例だ。噴煙にさまざまな鉱物や火山ガラスなどがたくさん入ると灰色になり、これは地下のマグマが火口に近いことを示している。最近の桜島の噴煙は、ふだんから少し灰色に見える。

　新燃岳の噴火を夜にも見たが、山の上が火映現象（58ページ参照）によって赤くなり、噴火のたびに真っ赤な溶岩が放物線を描いて吹き飛び、山肌に落下して花火のように光が散らばった。夜間は噴煙の流れがわかりにくく、もし頭上にやってきたらたいへんだ。

　火山灰は風に流されて遠くまで飛び、風下側の空は灰色や黄褐色に染まっていく。地面に積もった火山灰は少しの風でも舞い上がり、目やのどに入ると辛い。ゴーグルやマスクが必要だと感じた。雨が降ると火山灰がモルタルのようにくっつき、ぬかるんだ道路は歩くと滑った。

　日本は火山列島であり、あちこちでこうした火山噴火が起こる。噴火予知は難しいが、過去の噴火から対策を考えておく必要がある。

8月7時 | 鹿児島県

コラム｜日没後も高い場所に日が当たる理由

　日没後10分から20分経ち、高い雲が真っ赤な夕焼けになる。地球が平らだったらそんなことは起こらない。地球が丸いので、地平線下から太陽光線が雲の下側に差し込み、夕焼け雲が起こるのである（図を参照）。

　朝も、日の出の1時間以上前から東の空が明るくなる。星空が白み、きれいな薄明色に変わっていく。これも、地球が丸いために、高い空ほど早く日が当たるため、朝焼け雲の前に成層圏が赤紫色に輝く（12ページ参照）。

　国立天文台が発表する各地の日の出の時刻は、ふつう平地のものである。超高層ビル（高さ100m）ではそれより2分ほど日の出が早く、富士山頂は10分以上早い。日の入りは同様に遅くなる。

　緯度が高いほど太陽は地平線近くにあり、薄明の時間が長くなる。北欧の夏は深夜の時間でも空が明るい。緯度が66.6度以上の北極圏や南極圏では、夏に時期に太陽が沈まない白夜になる（薄明の状態を白夜に含めることもある）。これも地球が丸いために、緯度によって日の出入りの時刻や角度が変わるからである。

　南極では成層圏にも雲ができる。極夜になると日の当たらない成層圏は冷えていき、春先に「極成層圏雲」ができる。私の観測では高度18km付近で、日没後もしばらく白っぽく輝いていた。真珠貝の裏側のように色が付くこともあり、真珠母雲ともいう。

　また、高緯度地方の夏の高度80〜90km付近に、夜光雲（極中間圏雲）という変わった雲が見られる（74ページ参照）。私は南極の昭和基地で初めて見つけたが、星が見える暗い空に、波模様で淡く輝いていた。中間圏では夏季は特に温度が下がって雲ができやすい。

　日の出前や日の入り後の星空が見える時刻に、高度400km付近にある国際宇宙ステーションが太陽光を受けて光りながら、動いていく。その高さは日の当たる時間が長い。だが、地球の影に入ると見えなくなる。

　活発なオーロラは、通常より低い緯度まで広がり、発光高度が高いと、日本でも低緯度オーロラとして北の地平線付近に淡く赤っぽく見られる。これも丸い地球を想像するとわかりやすい（94ページ参照）。

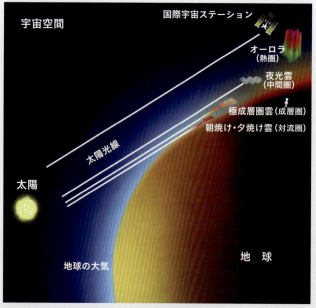

図｜高い空の現象と地球の丸さ

第2章
不思議な光・光の不思議

四角い太陽

立山連峰と大きな虹
神聖な山での神秘的な虹との出会い

　高い山で見る虹は格別である。まして、背後に有名な立山連峰を望む場所で、こうした大きな虹を見ることはもう一生ないと思う。神聖な山での神秘的な虹との出会いである。

　この虹が出ることを予想して、まだ雨が降っているうちから屋外で待機した。雨が降る中、西の方に太陽の光が見えてきたからである。そして完全に雨が止まないうちに虹が出て、この写真を撮影した。雨が向こうに去るとともに、虹も遠ざかっていった。

　山では雨を降らす雲が近いため、雲の変化や動きが早く、虹は急にできて消える。近くにある山や雲にも夕日が当たり、虹と一緒に輝くことも多い。また、雨のすじが遠くに見える場合もあり、そこをスクリーンとして虹ができることもある。

　虹は、太陽高度が低いときに、その反対側に降っている雨にできる。雨粒によって太陽光が反射・屈折するときに、色分かれして輝く。太陽と正反対の方向から角度で40度ほど離れた場所に明るい「主虹」ができ、50度あまり離れた場所に「副虹」がやや暗く見えることがある。この写真では、右上に副虹が見えている。虹が鮮やかなときは、主虹の内側が少し明るい。主虹と副虹の間が最も暗く、この部分を「アレキサンダーの暗帯」という。

　虹の色が7色というのは、ニュートンが著書に表したものを日本人が信じているのだが、虹がまず7色に見えることはなく、アメリカでは6色、ドイツでは5色とされている。理科年表も可視光線を6色に分けていて、紫・青・緑・黄・橙・赤色で、藍色がない。藍色は日本人が染め物などでも好む色であり、虹の色としても残したいものかもしれない。

8月18時 | 富山県

ウユニ塩湖の積乱雲
湖が波ひとつない水鏡となる理由

　ウユニ塩湖は南米ボリビアにあり、標高が約3700mと高く、南北約100km、東西約250kmの広大な白い塩原である。高低差がほとんどなく、雨季（12月から3月）に水がたまると、浅い水面に空や風景が映る水鏡(みずかがみ)ができる。その光景を求めてたくさんの観光客が訪れる。

　ウユニ塩湖には許可を得た車だけが入れる。コースを熟知した運転手が慎重に選んだよいポイントに連れて行ってくれる。用意された長ぐつを履いて浅い湖に立つと、静止した水面に360度の空が映る。さまざまなポーズを取って記念写真を撮る人が多く、ウェディングドレスを着た人も見かけた。

　湖の上をときおり風が吹いて、低い雲が流れていく。それでも波が立たないのはなぜなのか。足で波を立ててみた。すると波は数m先で消えてしまった。波が伝わるには、水面下にある水も回転する必要があり、水深が深くないと波が消えていく。ウユニ塩湖は水深が10cm程度なので、立てた波もすぐに消えてしまう。

　遠くで積乱雲が成長しているのが見えた。ボリビアのような低緯度地帯では偏西風などの上空の風がない。だから積乱雲はあまり動かず、積乱雲上部にできた「かなとこ雲」（写真中央）はきれいに左右対称の形に広がり、それが水面に映った。積乱雲から激しい雨が降るとともに雷も発生した。濃い塩水は電気をよく通すので、落雷は怖く感じた。遠くで白いすじが空に上っていったのが見えた。つむじ風が発生したようだ。ウユニ塩湖はその写真から、静かで時間が止まったようなイメージだが、実際はスコールなどの激しい現象も起こる。

2月15時 | ボリビア

グリーンフラッシュ
太陽が沈み切る瞬間に見える緑の光

　見ると幸せになるといわれるグリーンフラッシュは、水平線や地平線に沈む太陽が最後に緑色に輝くことで知られている。国内外で人気だが、なかなか見るチャンスがない。大気汚染が増えてから起こりにくくなった。30〜40年前は沖縄や日本海側の夕日でしばしば目撃したが、中国大陸からの大気汚染が増えてからは、グリーンフラッシュの輝きはほとんど見なくなった（最近は改善の傾向）。

　空気の澄んだ南極では頻繁に起こった。また国内線の飛行機からもきれいに見えた。意外なシーンとしては、南関東から富士山に沈む太陽や、富士山頂から見た日の出でも観察できた。空気の澄んだ場所を探せばグリーンフラッシュは起こっている。

　この写真は2024年9月に秋田県にかほ市の海岸で撮影した。空気がとても澄んでいて、水平線上に雲がなかったので、望遠レンズを構えて、消える瞬間の太陽の緑色の光をとらえた。

　空気は高度が高いほど薄いため、地平線近くの太陽の光は大気中でわずかに下方に（上に凸に）曲がる。その際、波長の短い青い光ほど曲がりやすいので、青系の色ほど、太陽の上方にはみ出して見える。しかし実際には、地平線近くの太陽の光は、大気中をかなり長く通るので、波長が短い青系の色は散乱でなくなってしまう。だから一番上に見えるのは、青より少し波長の長い緑色になりやすい。地平線に太陽が消える瞬間にその緑色が残るのがグリーンフラッシュである。

　この写真では、緑色の太陽が水平線からわずかに浮かんでいる。浮島現象（54ページ、70ページのコラム参照）があるときにグリーンフラッシュが起こりやすいと私は思っている。

9月18時｜秋田県

ライトピラー
美しい光の柱が現れたのはなぜ？

　空に舞う小さな板状の氷の粒によって、光が反射してできる光の柱を「ライトピラー（光柱）」という。太陽の上や下にできる場合はサンピラー（太陽柱）、月はムーンピラー（月光柱）と呼び分けている。海上の漁火（いさりび）によるものは漁火光柱（いさりびこうちゅう）といい、海上に並んで見える。

　この写真は、長野県の志賀高原（しがこうげん）の横手山（よこてやま）で、マイナス10℃以下に冷えた夜空にできたライトピラーである。周囲にスキー場がたくさんあり、その照明が光源となった。板状の氷の結晶の粒は、平らな面を上下に向けて浮かぶ。その氷の平らな面が光源からの光を反射し、光の柱をつくる。スキー場のさまざまな色の照明を反射した。星空も広がる晴れた夜だったが、ややもやがあり、空気中の水蒸気が飽和して氷の粒ができやすい状況であった。

　ライトピラーは、最初は淡い輝きで、だんだんと光が強くなった。サンピラーやムーンピラーは、光源である太陽や月の上や下に見えるが、光源がずっと遠くに離れているので、これほど上下に長く見えることはない。照明によるライトピラーは、サンピラーなどと違って光源が近くにあるため、いろいろな高さで反射しやすく、空高く伸びる傾向がある。

　この光景はまるでオーロラのようだった。しかし、オーロラとは違い、横に動くことはなく、同じ位置のまま縦の光のすじが強くなったり弱くなったりした。スキー場の照明が動かないからである。

　ライトピラーはふつう、これほどはっきりたくさん現れることはない。1、2本だけ淡い柱状の光ができている場合もある。理由がわからないと、不可解な光だと思うかもしれない。冬の寒い地方ではしばしば見られる現象である。

1月21時｜長野県

天使の梯子
雲がつくる天然のスポットライト

　雲間から下りてくる光芒を「天使の梯子」という。旧約聖書のヤコブの梯子が由来である。気象用語では「薄明光線」という。ただ薄明光線には、下から上に光が差す場合も含まれる。太陽が地平線下にあって空がほんのり明るいときに、光線が上空へ広がる光景がその例だ。

　この写真は、富士山の上にある雲のすき間から、強い太陽光線が湖面に下りた輝きである。黒っぽい富士山を背景にしているため、光線がとても明るく感じられる。雲のすき間がギザギザし、光線が複数に分かれている。雲が動くとともに天使の梯子も動き、数分間で終わった。

　透明な空気ではこのように光線の軌跡は見えない。空気中に水滴やチリや花粉などの微粒子が存在し、太陽光を散乱させるときに見えやすくなる。これらの比較的大きな微粒子による散乱は、すべての波長の光を散乱させる「ミー散乱」で、別の色になることはない。煙での散乱は、それより粒が小さいと、少し青く感じることがある。

　天使の梯子は、この写真の層積雲のような低い雲でできることが多い（高度500〜2000ｍ）。積雲や積乱雲などの雲底高度の低い雲にもできやすい。まれにやや高い高積雲（ひつじ雲、高度2000〜7000ｍ）から、たくさんの細い光線が下りることもある。

　天使の梯子が下りた場所は明るく輝く。海原や広い田畑では明るい斑点となり、キラキラと輝いて美しい。その場所に人がいたら、スポットライトのように太陽の光を浴びることになる。

　天使の梯子は、朝日や夕日では赤っぽくなり、月光ではとても淡い。光線が遠くまで伸び、雨粒に当たって小さな虹ができることもある。

10月16時｜山梨県

逆さ富士
湖で逆さ富士を見るのが難しい理由

　5月の朝に、山中湖に映った「逆さ富士」である。雪が谷すじに残っていて、北斎の画にあるようだ。富士山に笠雲（10ページ参照）がかかり、湖上に霧が薄く出ている。霧で対岸の建物などが見えないため、原始の風景のようである。

　ボリビアのウユニ塩湖は、水深が10cmほどと浅いために波が立たなかったが（44ページ参照）、山中湖は水深が13mほどなので波立ちやすく、富士山が水面に映ることが少ない。しかし、風がなく船が動いていない早朝などは、こうして鏡のように映ることがときどきある。ハクチョウがエサを求めにやってきても、この光景は乱れてしまう。

　よく見ると、映った富士山や空はやや暗くなっている。水の青さも重なった濃い色である。カメラに偏光フィルターをつけると、さらに水の色が濃く、空も青く写るが、私は使っていない。

　湖で逆さ富士を見るには、夏や冬などの季節風の時季はあまり適していない。春や秋の高気圧に穏やかに覆われたときに風が止みやすく、見られる機会が多くなる。そうしたとき早朝は霧で湖面が隠れることも多いが、霧が晴れる瞬間はこの写真のように美しい。また、最近は珍しくなったが、湖の一部に氷がある時期は波が立ちにくい。氷に囲まれた水面はピタッと静止する。山中湖以外でも、河口湖、本栖湖、精進湖、田貫湖などでも逆さ富士が知られている。

　春、田植え前の水の張った田んぼや、雨上がりの大きな水たまりなどでも逆さ富士は見られる。朝焼けや夕焼けの空の逆さ富士もきれいで、夜空の暗い場所では月や星空も一緒に映る。

5月7時｜山梨県

ウユニ塩湖の蜃気楼
水がないのに逆さに映るのはなぜ？

　ウユニ塩湖は水鏡で有名だが（44ページ参照）、雨季以外は広大な塩原となる。雨季でも晴れの日が続くと浅い水はすぐに蒸発してしまって塩原に戻る。塩原は砂浜のようにきれいな平らではなく、小さな空洞がたくさん入った幅1m程度の板状の塩のかたまりがたくさん敷き詰められているような感じだ。ところどころ大きな穴もあり、歩行や車の通行には注意しないといけない。

　塩原の中に塩でできた「塩のホテル」があった。そこに車でゆっくり向かっていくとき、遠くのホテルが地平線から浮かんで見えた。日本で冬の海でしばしば見られる浮島現象と同じだ。下の方が暖かく、すぐ上にそれよりも冷たい空気層がある状態のときに、その境界付近で光が曲がる「下位蜃気楼」の一種である（70ページのコラム参照）。夏などに熱いアスファルトの上にできる逃げ水と同じようなしくみだ。光は下に凸に曲がるので、実像の下側に、上下反転した蜃気楼像が見えることになる。このとき、空も蜃気楼像の下に映り込むと、浮いたように見える。塩のホテルは鏡に映ったように下側に映り込み、ホテルに向かう車も少し浮かんで見えた。

　ボリビアは赤道に近くて標高が高いため、日射しがとても強い。白い塩原も日射しでかなり暖まり、その上の空気との温度差で下位蜃気楼が起こる。日本で見る浮島現象より浮かび方が激しいのは、温度差が大きいためだ。

　このあと塩のホテルに入ったが、床や壁だけでなく椅子やベッドも塩でできていた。白っぽいので大理石のような雰囲気だ。塩の壁の小さな凹凸は、周囲の音をよく吸収した。塩は吸湿性があるため、部屋は一定の湿度に保たれていた。不思議な空間だった。

2月11時｜ボリビア

過剰虹
普通の虹とは違うしくみで現れる

　虹の内側に、虹色が何度も繰り返す不思議なものがある。「過剰虹」または「余り虹」という。虹が明るいときに、たまに見る。虹の青色と過剰虹の赤色が重なった紫色が目立つ。

　虹は雨粒による光の屈折・反射による現象だ。一方、過剰虹は屈折・反射だけでなく、光の干渉も関係して色が繰り返す現象だ。色ごとに曲がる角度がわずかに違うので、色分かれするが、雨粒の大きさでも色ごとの曲がり方がわずかに違う。このため雨粒の大きさがそろっているときの方がきれいな色に見える。ただし、雨粒が小さくなると虹全体の色が白っぽくなる。

　淡い過剰虹に対して、色分かれしている光が最も明るいところがふつうの虹だ。よく見ると、虹の外側に対して内側は明るいことがわかる。雨粒で屈折・反射した太陽光は虹の内側へ向かうが、外側には行かないからだ（42ページ参照）。虹の赤色は最も外側なのでわかりやすく、他の色は少し色が重なっている。

　虹は太陽と反対側にできる。大きくはっきり見える虹は、太陽が低空で強く輝いているときである。朝の晴れた空に西から急に雨がやってきたときや、夕方に雨が上がってすぐに西から強い夕日が差したときである。

　雨が降っている場所が近いとき、そこにできる虹は明るく見え、過剰虹を見る機会も多い。雨がまだ降っているときに見られる虹は、かなり近くて明るく感じる。

　最近は日本列島の気温が高くなる傾向で、積乱雲によるにわか雨が増え、虹を見る機会も多くなったと感じる。ただし、発達した積乱雲では、落雷や、竜巻などの突風が起こりやすい。注意しながら虹を探したい。

6月19時 | 千葉県

ハワイの溶岩と火映
溶岩が放つ赤い光が空を照らす

　2017年にハワイ島のキラウエア火山が噴火し、溶岩流が海に達した。夜になると、1000度ほどある溶岩が放つ赤い光により、海からの湯気も赤く染まり、さらに低い雲までも赤くなった。このように赤熱の溶岩で空が赤くなることを「火映(かえい)」という。

　ハワイ島の溶岩は粘りけの少ない玄武岩(げんぶがん)で、とても流れやすい。噴火口から延々と流れ下り、人家を焼き、道路を横断し、海岸まで達した。日本の火山の中には、溶岩の粘りけが強いせいで爆発的に噴火するものがあるが、ハワイ島ではその心配がない。溶岩流を避ければ近くまで見に行くことは可能である。自動車は通行禁止だったので、自転車を借りて1時間ほど砂利道を走り、この場所に達した。ほかにも人がいて、それぞれ好きな場所から溶岩を眺めていた。

　昼間は、少し赤く見える溶岩が海に流れ込み、湯気が盛んに出て周囲が白くなっていた。夜になると、このように赤く異様な雰囲気になった。溶岩に触れた海水の沸騰する音がときおり聞こえてきた。

　写真の右上には細い月があり、雲間から星がときどき見えた。46億年前の地球誕生時も、噴火が盛んに起こり、火山から水蒸気や二酸化炭素などのガスが出た。それらが大気をつくり、水蒸気は雲となって雨を降らせ、海ができたと考えられている。

　現在の地球もまだ変動している。中心部は太陽表面と同程度の温度で、その熱でマントルが対流し、地殻を動かして、さまざまな地表の風景をつくっている。

　雲間から見えるたくさんの恒星のまわりにも、地球のように海や大気をもつ惑星がきっとあるに違いない。天文学者は今それを探そうとしている。

10月19時 | アメリカ

猪苗代湖の不思議な蜃気楼
実像の上で反転する蜃気楼像

　蜃気楼で有名なのは、富山県魚津市の沿岸である。春を中心に、対岸や船が上方に伸びたり逆さに浮かんで見えたりする。冷たい空気の上に暖かい空気が重なったときに見られる「上位蜃気楼」だ（70ページのコラム参照）。冬の海上の浮島現象や春や夏の道路の逃げ水は、下側が暖かいときに見られる「下位蜃気楼」（54ページ参照）の一種で全国的に多い。

　福島県の猪苗代湖でも、春などに上位蜃気楼が起こることが知られるようになってきた。冷たい湖の上に、日差しで暖まった空気が流れてきたときに見られる。猪苗代湖は空気の流れが複雑なため、規模は小さいが、奇妙な光景が見られることが多い。

　この写真は、対岸の道路を車が走っているときの上位蜃気楼だ。光が上に凸に曲がることで、実像の上方に車が反転した蜃気楼像が見える。それだけでなく、下方にも少し映っている。双眼鏡や望遠レンズで見ると、動いてるようすがとてもおもしろかった。魚津市の蜃気楼ほどは大きく変化しないので、肉眼ではわからない。蜃気楼になっている時間は数分間で、次第に別の場所に移っていく。湖の上に蜃気楼像が反射して映ることもある。

　猪苗代湖に停泊していたハクチョウの形をした遊覧船の蜃気楼像が、手前の離れた湖面に映ったことがあった。その首の部分は、ネス湖のネッシーのような形状をしていた。ネッシーはもしかしたら蜃気楼なのではと、そのときにふと思った。

　琵琶湖やオホーツク海沿岸や千葉県の九十九里海岸など、日本各地の海や湖で上位蜃気楼が見つかっている。研究者の努力で観察できる場所が年々、新しく発見されている。冬季などに冷えた内陸でも、上位蜃気楼が確認されている。

2月13時｜福島県

笠雲の彩雲
彩雲が見られるのはどんなとき？

　富士山の「笠雲」は有名だ。笠雲は昼夜関係なく、天気の変わり目に、山を越える湿った風でできやすい。朝や夕方にもできることがあり、朝日や夕日の当たる光景も美しい（10ページ、14ページ参照）。さらに富士山の真後ろに太陽が隠れたときは、この写真のように笠雲が「彩雲」になる。光の波が雲粒を回り込む（回折する）ときの角度が、色によって異なるため、色分かれする現象だ。

　彩雲は太陽の近くにある水の粒からできた雲に見られ、巻積雲（うろこ雲）や高積雲（ひつじ雲）にできることが多い。雲粒の大きさがそろっているときの方が、色分かれがはっきりしやすい。雲粒の多すぎる積雲（わた雲）は彩雲になりにくい。

　富士山の笠雲は高さ的に高積雲（高度2000〜7000ｍ）に分類される。富士山に湿った風が当たり、風上側で雲粒ができて山頂を越え、風下側で雲粒が消えていくため、雲粒の大きさがそろいやすく、彩雲になりやすい。あとは太陽との位置関係である。笠雲が出ていたら、太陽から10〜12度くらい離れたところに笠雲が見える場所を選ぶと、写真のような彩雲に出合える。この彩雲は3段になっているが、刻々と変わっていった。笠雲は数分間で消えることもあれば、急に大きくなることもある。季節と天気の変化によっていろいろなタイプがある。

　巻層雲（うす雲）や巻雲（すじ雲）が富士山の上に見えて、その近くに太陽があると、日暈、幻日や環水平アークなどのハロ（暈）の現象が発生することがあり、そこにきれいな色分かれが見えることもある。これらを彩雲と間違うことがよくある。ハロの現象は氷の粒によるもので、水の粒による彩雲とはしくみが違う。

12月16時｜山梨県

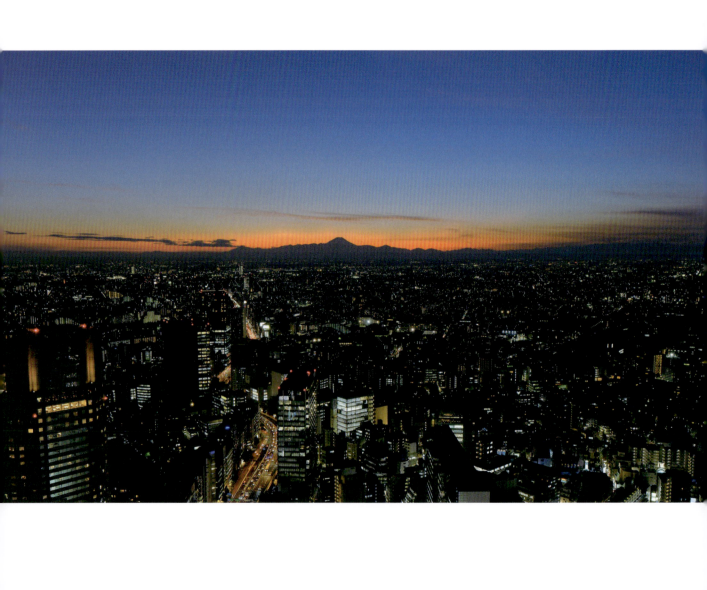

東京のマジックアワー
東京の新名所から望む絶景の夕焼け

　日の入り後や日の出前に、空の色が刻々と変わっていく時間帯を「マジックアワー」という。東京では、その光景を見るのに適した場所を探すのが難しい。ずっと前は東京タワーが随一の展望台であったが、1970年代以降は超高層ビルが林立し、池袋と六本木に屋上展望台ができた。その後、池袋のサンシャイン60は屋上が閉鎖されて、しばらくの間、東京では超高層ビルの屋上展望台は六本木ヒルズだけだった。そこに2019年、渋谷スカイという屋上展望台ができた。富士山を望む西側に、広大な夕景が見られるようになった。

　遠くにたくさんの山が見られ、富士山がひときわ目立つ。かつて高い建物がなかった頃は、地上からも山々が望めたので、東京は望岳都といわれたこともある。日本一広い関東平野ならではの光景だ。2月と11月には、渋谷スカイから見る夕日は富士山のあたりに沈む。山々がシルエットとなり、澄んだ空のマジックアワーが美しい。

　朝にも薄明空が広がるが、展望台は営業時間外で、タワーマンションなどに住んでいる人たちだけが楽しめる。もっとも、夕方の薄明の方がビルや車の光が多く、夜景と空の輝きがうまく調和する。空気中のチリが多い夕方の方が、地平線近くの赤みが強い。

　秋はどんどん日没の時刻が早まり、薄明の時間も短くなっていく。薄明の明るさと街灯りのバランスのよい時刻は毎日変わり、天気とともによいタイミングを探る必要がある。

　完全に晴れた空もきれいだが、ちょっと雲のあるときも夕焼け雲がきれいだ。秋は偏西風によって高い雲ができやすく、夕焼けがより長い時間、赤く輝く。

11月17時 | 東京都

蜃気楼の朝日
大きく複雑に変形したのはなぜ？

　水平線から出た太陽の上に、もう1つの太陽が蜃気楼となって見られた。そして太陽高度が上がると、ひょうたんを逆さにしたような形となった。今度は下の方が蜃気楼像である。この一連の蜃気楼の朝日は2019年5月5日に茨城県鉾田市（ほこたし）で見られた。

　茨城県沖では北の方から親潮が南下し、沿岸の海水温が低いことが多い。大洗（おおあらい）海水浴場では夏でも海水が冷たく感じ、朝は海岸に霧が出ることも多い。そこに上空から暖かい空気が入ってくると、上暖下冷の温度構造となり、富山県で春先に見られるような上位蜃気楼ができる（60ページ、70ページのコラム参照）。日の出時に2つの太陽になったのはそれである。上位蜃気楼では光が上に凸に曲がるので、水平線から出たばかりの太陽の上に、蜃気楼像の太陽が重なって見える。

　上位蜃気楼の場合、太陽高度が上がると、今度は下の方に蜃気楼像ができる。太陽の上側は蜃気楼ができる空気層より上に出るが、下側はまだ蜃気楼ができる上暖下冷の温度構造の中にあるからだ。しかし、その観測例はとても少なく、ほとんど知られていない。この写真では水平線付近に下位蜃気楼も少しあり、太陽に足がついたように見える。

　こうした蜃気楼の形は、水を入れた水槽の底付近に、ホースなどを使って静かに砂糖水や塩水を入れ、その境界付近を横から見ると理解できる。反対側にピンポン玉などを置くと、同様の形が見られる。

　私は何十年もこの場所で日の出を撮影しているが、これほど大きく変形した太陽はこのときだけである。最近は海水の温度が上がり、上位蜃気楼がほとんど見られなくなった。一方、冬季の下位蜃気楼は増えた感じがする。

5月5時｜茨城県

月虹
月夜で雨のときにしか見られない

　太陽光で虹ができるのと同様（42ページ参照）、月光でも虹ができる。これを「月虹」という。満月は太陽の40万分の1程度の明るさであるものの、空の暗い場所では淡く虹が見えるはずだ。だが、日本で月虹を見た人はほとんどいない。月虹が見られるのは、明るい月が低空に出ていて、にもかかわらず反対側の空に雨が降っているときに限られるが、そのような状況はなかなかないからである。

　月虹を見る練習として、月夜に滝の水しぶきを見に行った。栃木県の華厳の滝へ夜に行き、晴れた空に明るい月が出てくるのを待ったところ、滝の水しぶきが上がるところに淡い弧状の輝きが見えた。白っぽいが、何となく青色や赤色に分かれているようだった。静岡県の白糸の滝でも確認できた。

　ハワイはにわか雨が降りやすいので、明るい月の反対側に淡い虹を見ることができた。ハワイの雨はすぐに終わってしまうので、わずかな時間であった。ハワイでは月虹（ムーンボウ）が幸運や祝福を運んでくると昔から伝えられている。

　最近はカメラの性能がよくなり、肉眼でほとんどわからない光の現象でも、写真によく写るようになった。この虹の写真は山中湖の定点カメラがとらえたもので、星空の下を雨雲が強風で流れ、雨粒が飛んでいた。9月に九州に台風が上陸したとき、夜半すぎに撮影したものである。

　近年はLEDの街灯がどんどん増え、郊外でも人が住んでいるところの夜空は明るくなった。月虹を見ようとしたら山や離島など夜空が暗い場所を選ばなくてはならない。さらに月の明るさと位置を調べ、反対側に雨が降るシーンを探すのは至難の業である。

9月1時｜山梨県

| コラム | # 蜃気楼とは何か

　空気中に温度が違う場所があると、その間に密度差ができることによって光が曲がり、景色や太陽などの形が変わって見えることがある。

　とくに、大きく温度の異なる空気層が接したところでは、空気密度の変化が急で大きいため、光が大きく曲がり、遠くの物体が大きく変形したり、物体が2つ以上に分かれて見えることがある。そうした大気中の光の異常な屈折現象によって蜃気楼が起こる。視点より下の方に空が映って見えたり、逆に視点より上の方に地表近くの物体が映って見えたりする。双眼鏡や、ときには肉眼でも見えて、その光景に驚く（図参照）。

　冷たい空気層の上に暖かい空気層が入った場合、境界付近で光が上を凸にして曲がり、遠くの物体が上方に伸びたり、上方で反転して見えたりする。これを上位蜃気楼という。実像の上に蜃気楼像ができる。富山湾や猪苗代湖などでは、春を中心に、冷たい水で冷えた空気の上に、日中に陸地で暖まった空気やってきて、上位蜃気楼がときどき見られる（60ページ、66ページ参照）。船や車が上方で浮かんで動く様子は不思議だ。また、盆地や平地で、晴れた夜間に放射冷却により地面が冷えると、冷気が下にたまる。その上にある比較的暖かい空気との間でも上位蜃気楼が起こる。冬に多く、北海道や本州などの陸地で確認されている。

　一方、暖かい海面や日射で暖まった地面の上に、暖かい空気層が薄くできることがある。その上の比較的冷たい空気層との間で、光が下を凸にして曲がることで蜃気楼が見られる。実像の下に逆さの蜃気楼像ができ、下位蜃気楼という。夏のアスファルトの上の「逃げ水」や、冬の海や湖の上に見られる「浮島現象」は下位蜃気楼である（54ページ参照）。冬の海上や湖上で、全国的に下位蜃気楼は起こりやすく、下位蜃気楼はあまり珍しくない。そのため、下位蜃気楼を浮島現象や逃げ水といい、とても珍しい上位蜃気楼を単に蜃気楼ということもある。

　また、不知火などのように横方向に光が変化する側方蜃気楼というものもあるが、観測例がほとんどなく、よくわかっていない。

図 | 上位蜃気楼と下位蜃気楼の見えかた

第3章
高い空・月・太陽・宇宙

湖に映るオーロラ

空に広がるオーロラ
オーロラが近づいて去っていくまで

　3月にアラスカへ行き、マイナス20℃のフェアバンクス郊外の山の上で、空に大きく広がったオーロラを、15秒間シャッターを開けて撮影した。

　オーロラの出始めは遠くにあって、地平線近くの低い空にぼんやりと見える。白っぽくて模様がなく、薄い雲のような感じである。だんだんと明るさを増して地平線からの角度が高くなると、カーテンのような形になっていく。下側が波を打ち、縦になった明るい光のすじが見えるようになる。この状態で、明るい部分が緑白色に感じる。

　さらにオーロラが近づくと、光のすじが大きく長くなり、カーテンは2重、3重になっていく。動きが速くなると、カーテン状の上の方が暗い赤色に見えるようになる。さらに明るくなって光のすじがたくさんでき、左右に動き始めると、すじの下側がピンク色に見え、色彩が鮮やかに感じる。

　頭上にオーロラがやってくると、カーテン状から放射状に変わる。縦に長く伸び、横に激しく揺れ、ヘビのように曲がりくねるものもある。この写真は、そのときの状態を対角魚眼レンズ（写真の対角線が180度の画角）で撮ったものである。空の半分が入っているが、オーロラははみ出している。

　激しい活動の最後に、オーロラの輝きが弱くなり、ぼんやりとした光が広く残る。それがゆっくり明滅することもあって、不気味に感じる。色は淡い緑色で単調だ。突然夜空にぼんやりと光のかたまりができては消えることもある。やがてオーロラの光は、天の川よりも淡くなって消えていく。

　このような変化を何度も見たが、いろいろなバリエーションがあり、飽きない。

3月21時 | アメリカ

夜光雲
地球大気の変化を表す雲

　2009年2月に、南極の昭和基地で私が初めて撮影した「夜光雲」である。夜光雲というのは、夜に暗くなってもうっすらと輝いて見られるため、正式には「極 中 間圏雲」という。高緯度地方で大気の高いところ「中間圏」にできる雲だ。高度80～90kmにあるので、日没後しばらく経っても太陽の光が当たる（40ページのコラム参照）。波のような模様が夜光雲の特徴である。

　通常の雲は対流圏内にできる。対流圏の高度は地上から10～15km程度までだ。地表からの水蒸気が冷えて雲ができ、雨や雪となって地表に戻る。また、高気圧・低気圧の風や上空の偏西風などにより雲が移動する。地表付近の気温が平均15℃なのに対し、対流圏上部はマイナス55℃程度と、対流圏内は高いところほど空気が冷たい構造になっている。

　ところが、対流圏の上にある成層圏（高度50km程度まで）は対流圏と違い、高いところほど暖かくなる。このため上昇気流が生まれない。

　そして、成層圏のさらに上にある中間圏（高度50～85km程度）は、対流圏のように高いところほど冷え、その上部は大気の中で最も気温が低い場所になる。平均してマイナス90℃で、高緯度の夏季にはマイナス140℃にも下がり、これが夜光雲を生む原因となる。

　地球温暖化で地表面が暖まると中間圏は逆に冷えやすくなる。さらに、大気汚染などのチリが中間圏に漂っていれば雲ができやすい。そのためこの写真の反響は大きく、その後に超高層大気を観測する大型大気レーダーが昭和基地に配置された。

　ロケット発射による雲のようなものが成層圏や中間圏に見られることがあるが（88ページ参照）、夜光雲とは違うものだ。

2月0時｜南極

スプライト
落雷時に数十km上空で光る「妖精」

　スプライトは、落雷とほぼ同時に、雷雲のはるか上空で瞬間的に赤く光る現象である。写真の雷雲は撮影地点から100km以上遠くにあり、雷光の輝きが地平線上に少しだけ写っている。スプライトの高度は40〜90kmあたりで、電離層の下である。瞬間的な光なので、肉眼ではほとんどわからない。

　1990年頃に、流星観測をしていた超高感度ビデオカメラに、不思議な発光が映った。白黒の映像だったので、まるで幽霊のように不気味だった。国内外のあちこちで観測され、雷に関連したものとわかり、海外でスプライト（妖精）と名付けられた。赤い色が印象的なので、レッドスプライトということもある。

　落雷が激しく続く中、わずかな頻度で、高い空に起こる。まるで雷が宇宙に向かう感じである。発光時間は0.1秒間くらいで、秒30コマのビデオカメラで2、3コマ連続して映ることが多い。

　私がこの現象の撮影を始めた頃は、千葉県や茨城県を撮影地点として、新潟県や北陸を中心に、冬季の日本海側での落雷にカメラを向けていた。しかし、茨城県や千葉県沖の太平洋上空にも、冬季にたくさん現れることがわかってきて、ここをスプライトの巣と思っている。暖かい黒潮の上に冷たい季節風が流れ込むときに起こりやすい。また、夏季の熱雷や春季の寒気による雷でもスプライトを確認した。

　ほかにスプライトの上端付近で円形に光るエルブスや、雷雲のすぐ上から出るブルージェット（24ページ参照）、雷雲からスプライトまでつながる巨大ジェットなど、さまざまな発光現象が見つかっている。未知の現象がまだあるだろう。

1月22時｜千葉県

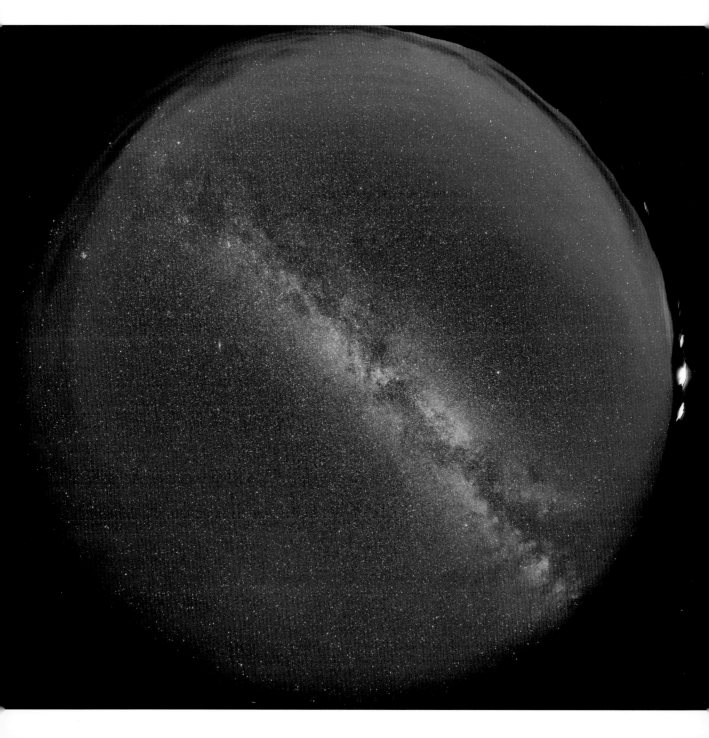

モンゴルの天の川と大気光
人工光のない広大な平原で見る夜空

　日本の夜空は年々明るくなっている。都市にも地方にも、LEDの街灯が普及した。人間社会に街灯は必要だが、本来の夜の暗さはだんだん失われている。星座の観察も苦労するようになった。

　海外には地平線まで星がたくさん見える場所がある。南極、アラスカ、ロシアやオーストラリアでそうした光景を見たが、日本に近い場所としてはモンゴルが最適である。首都のウランバートルから車で1時間も走れば、大草原のキャンプ場がある。夜にゲル（移動式住居）のドアを開けると、目の前に満天の星が広がる。

　夏の時期は虫が多いため、夜の気温が10度を下回る9月にこの写真を撮った。右側にキャンプ場のレストランやトイレの灯りが少しあるが、ほとんど気にならない。360度、地平線付近まで無数の星に埋め尽くされ、ちょうど天の川が頭上に横たわり、暗黒星雲による黒い模様も肉眼でわかった。写真にはないが、流星や、動いていく人工衛星も見えた。

　魚眼レンズで全天の星空を撮影したところ、空が薄く緑色になった。「大気光」といって空気自体が化学反応などで淡く光る現象だ。太陽光や地上の光が反射や散乱しているわけではない。大気光は地平線に近づくほど強くなる。肉眼ではかすかに緑がかった淡い白色に見えた。

　雲がやってきて、この夜空が黒い雲に覆われると、星や大気光が消えて漆黒の空になった。懐中電灯がないとどこにも行けない完全な暗闇である。星明かりというものには、星々や天の川の輝きとともに、こうした大気光も影響している。大気光は赤茶色のこともあり、日によって異なり、出現は予測できない。

9月0時｜モンゴル

火球
流星より強く輝き隕石になることも

　ふつうの流星よりずっと明るく、マイナス4等級（「宵の明星」の金星の明るさ）程度以上に明るいものを「火球」という。流星が点の輝きであるのに対し（90ページ参照）、火球は広がりのある丸い輝きだ。緑色やオレンジ色が多く、途中で色が変わるものも多い。

　この画像は8K動画から切り出したもので、火球はほぼこちらに向かって飛んできて、あまり動かずに1〜2秒間輝いた。肉眼でも緑色の閃光がとても鮮やかに見えた。火球に細長い尾がついている。尾の先の方の緑色は、オーロラと同じように空気が発光したものと思われる。

　火球は、国内で月に数回以上出現していて、特に明るいものはニュースになる。火球を初めて見た人は驚くことが多い。中には月くらいの明るさのものや、数秒間ゆっくりと輝き続けるものもある。11月頃のおうし座流星群のように火球の多い流星群もある。

　大きな火球が消えずに落下すると隕石になる。元の大きさが数十cm程度以上あると、隕石になる可能性がある。大気中で爆発を起こして小さな破片がたくさん降ることも多い。2020年7月の習志野隕石は、火球の軌道から想定した落下場所付近で数十gの小さな隕石が複数個見つかった。

　ロシアのバイカル湖で半月くらいの明るさの大火球を見た1〜2分後に、ドーンという音が聞こえたことがある。光は1秒間に30万km（地球7周半の距離）も進むが、音は1秒間に340mほどと遅いので、見えてからかなり遅れて音がやってくる。

　最近は人工衛星の破片などが落下する場合もある。そのときは光が複数並んで見えることが多く、1つの光点が輝く火球とは、雰囲気が違う。

12月21時 | 千葉県

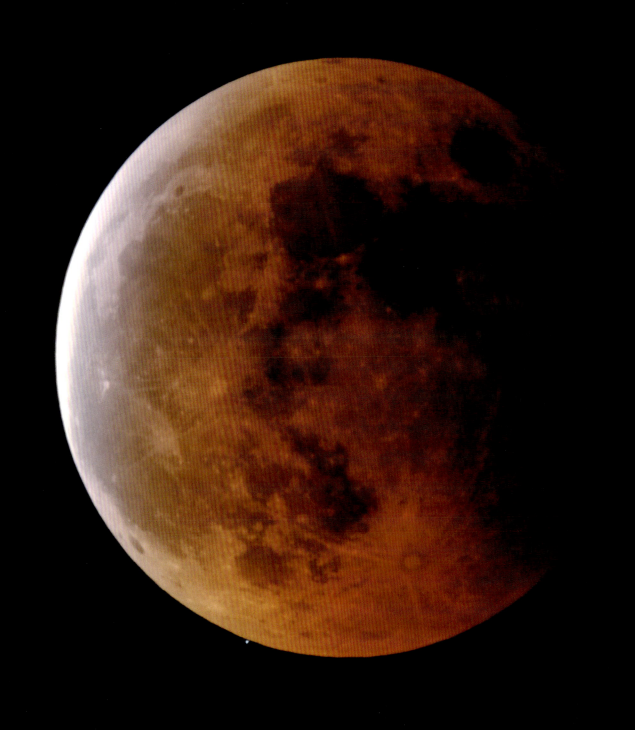

皆既月食中の天王星食
太陽と地球と月と天王星が直線上に

　太陽と地球と月が直線に並び、地球によってできる影に月が完全に入るのが皆既月食だ。このとき月には、地球の大気で屈折して弱くなった太陽光が届くため、肉眼では赤銅色に見える。ただし色は毎回同じではない。月が地球の影の中心近くに入ると暗く、影の端の方だとやや明るい。1991年にフィリピンのピナツボ火山が大噴火したあとは、噴出した微粒子で地球の大気が濁ったため、皆既月食中に月へ光がほとんど届かず、肉眼でわからなくなった。

　天体望遠鏡や双眼鏡で皆既月食を見ると、微妙な色彩が見えておもしろい。この写真では右から左にかけて、影の中心付近の濃い赤茶色、赤茶色、濃い橙色、橙色と変わり、その後は青みがかった薄紫色や明るいクリーム色が見えている。青っぽい色は、太陽光が地球の成層圏を通過するときに赤系の色が吸収されて青っぽくなるためだと考えられる。この月面の青っぽい帯をターコイズフリンジという。実際に望遠鏡で見たときは、青色だけでなく、緑色や黄色やピンク色などのさまざまな色が混じった感じだ。グリーンフラッシュ（46ページ参照）などの、地球大気の分光によるさまざまな色も関係しているかもしれない。

　2022年10月の皆既月食では、月で天王星が隠れるという珍しい現象が見られた。写真の下の方で、月にくっついた小さな青色の光が天王星である。天王星の明るさは約6等級なので、月が暗くなると双眼鏡で確認できた。月食の赤と天王星の青が対照的で美しかった。

　2025年以降に日本で見られる皆既月食は、2025年9月8日、2026年3月3日、2029年1月1日と12月21日である。

11月21時｜茨城県

紫金山・アトラス彗星
彗星は突然現れることがある

　2024年10月、紫金山・アトラス彗星が肉眼でも見えるようになり、にわかに天文ファンとなった人も多い。日没後に西の空の薄明が暗くなると、尾を伸ばす彗星を探した。まずは双眼鏡で彗星を確認し、その後に肉眼で透明感のある白いすじを見つけた。

　彗星は「汚れた雪玉」といわれるように、氷と岩石質・有機質のチリでできている。太陽に近づくと太陽の熱や太陽風によって表面から物質が放出され、長い尾を伸ばす。周期的にやってくるハレー彗星が有名だが、10年に1度くらい肉眼で見える彗星が突然現れることがある。ただし、太陽の近くで壊れてしまったり、予想ほど明るくならなかったりしたものもある。1997年のヘール・ボップ彗星は東京でも中心部がよく見え、空の暗い場所ではチリとガスの2本の尾を楽しめた。その前年の百武彗星は長大な尾が印象的だった。

　紫金山・アトラス彗星は、太陽系の最も外側にある「オールトの雲」からやってきた。そこに彗星の巣があり、太陽の引力で長い時間かけてやってくる。その後に惑星の引力で、周期的に太陽に近づく彗星になるものもあるが、紫金山・アトラス彗星はまた遠くへ去っていくようだ。

　夜空の展望地に集まった人たちには初心者も多く、ベテランが見方を教えた。肉眼では淡いすじ状だが、双眼鏡ではこの写真のように立派な「ほうき星」の姿だった。興味深かったのは、初心者がスマホを彗星の方に向けて手持ちで撮った写真に、しっかり彗星の姿が写ったことだった。家族や知人に土産になると喜んでいた。赤道儀にカメラを載せて苦労して撮っていた私も、スマホの写真の写りのよさに驚いた。

10月18時 | 静岡県

飛行機から撮影したオーロラ
スマホできれいに撮れることもある

　飛行機からオーロラを見ることができる。日本と北米を結ぶ飛行機や、アラスカに出入りする飛行機から何度か見た。この写真はシアトルからアラスカ州フェアバンクスへ向かう飛行機から撮影した。翼のやや後ろの座席で翼も入っている。

　肉眼では最初、白っぽいぼんやりとした光として見えた。しばらく見ていると、帯状の光が動き出し、その中に縦縞の模様が入るのがわかった。飛行機の中が明るいので、セーターや毛布を頭にかぶってしばらく見るとよい。

　写真撮影をするなら、それだけでなく、準備やコツが要る。明るいレンズを使い、カメラの感度を上げ、シャッタースピードは1秒程度とし、夜景や星にピントを合わせる。さらに手ぶれ補正を入れ、オーロラに向けて慎重にシャッターを押す。ホワイトバランスは太陽光（晴天）にするとオーロラの正しい色が出やすい。

　とはいえ、最近のスマホのカメラは優秀で、強力な手ぶれ補正機能のおかげで、手持ちでオーロラが写るものもある。一眼デジタルカメラと遜色ない写りをすることさえあるほどだ。機内Wi-Fiがあれば、その場でオーロラの写真を送ることもできる。

　アラスカ、カナダ、北欧などへオーロラを見に行かなくても、ニューヨークやシアトル、トロントやバンクーバーなどへ行くついでに、こうしてオーロラを見ることができる。翼の上ではない北側の窓側の席がよい。夜行便は深夜に照明が消えていることが多いが、頭にかぶる毛布などが必要である。ただし、ボーイング787のように液晶によって窓ガラスを強制的に暗くする飛行機は、オーロラを見るのが難しい。

3月 | アメリカ上空

ロケット雲と富士山
日没後、高度数十kmで輝いた光の帯

　日の入りから約1時間経ち、星がたくさん見えてくる時刻に、不思議な光の帯が見られた。種子島宇宙センターから、この日の16:44にH2Aロケット32号機が打ち上げられたことによる、ロケット雲である。

　種子島から打ち上げたロケットは高度50km付近で固体ロケットブースタの燃焼が終了し（約2分後）、第1段主エンジン燃焼のあと、第2段エンジン燃焼が続く。

　この写真は、山中湖付近から南南西方向を撮影したもので、ロケット打ち上げから1時間10分が経過している。高い空にできたロケットの排気などによる人工的な雲と思われる。高度数十kmより高い空にはまだ夕日が当たっているので、雲が輝く（70ページのコラム参照）。雲の形が乱れているのは、その高さの風によって流されたためである。この高さの風は常時観測されていないのでよくわかっていない。

　千葉県からもこの日にロケット雲が見られた。夕方にロケットが種子島から打ち上げられたときは、九州から関東の太平洋側でロケット雲が見える可能性がある。日の出前や日没後のわずかな時間だけ、高い空に見られるが、打ち上げ日や時刻が変わりやすいので、予測するのは難しい。また、打ち上げ直後にも白い雲のようなものが空高く伸びていくが、それらは拡散したり蒸発したりして、すぐに消えてしまう。

　報道でこのロケット雲が夜光雲とされることもあるが、夜光雲は夏季の高緯度地方で、高度80〜90km付近にできる雲であり（74ページ参照）、日本では北海道でわずかな観測例があるだけである。

1月18時｜山梨県

流星痕
空に浮かぶ光のすじが曲がりくねる

　明るく速い流星が流れたあと、光のすじが空に残ることがある。「流星痕」という。8月のペルセウス座流星群や11月のしし座流星群などは、流星が速くて流星痕が残りやすい。

　流星は、1mmから数cm程度の砂や小石のようなものが、秒速数十kmもの速さで地球大気に突入、高度100km付近で空気に衝突し、高温となって蒸発した流星物質や空気が一時的に発光するものである。発光はふつう0.5秒間程度だが、1〜2秒間光るものもある。

　流星をよく見ると、尾を引きながら流れることも多い。その尾から長く伸びた光のすじが流星痕で、そのうち1〜2秒間くらいで消えるものを「短痕」という。色はオーロラに多い緑色で、オーロラのように酸素原子が発光している。

　また、流星が消えたあと、数分間も光のすじが残っていることがある。こちらは「永続痕」と呼ばれる。時間が経つにつれて、大気の流れで曲がりくねった形になる。色は青色や黄色、橙色などさまざまで、空に浮かぶ様は不思議な感じがする。

　この画像は流星が消えてすぐの状態で、右上の短痕はすぐに消え、左下の永続痕が長く残った。永続痕は超高層大気の風で曲がった。

　流星が蒸発したガスは、冷えて再び固化し、10μm程度の球形となってゆっくり地表へ降ってくる。深海や南極の氷の中にも見つかり、雲の核にもなっているようだ。屋外にスライドガラスを出しておくと、そこに付着するので、高倍率の顕微鏡で探すことができる。こうした物質が大量に地球に降っている。

　宇宙からやってくる流星よりも小さな物質は、発光せずにそのまま地球に降っていると考えられている。

8月3時｜茨城県

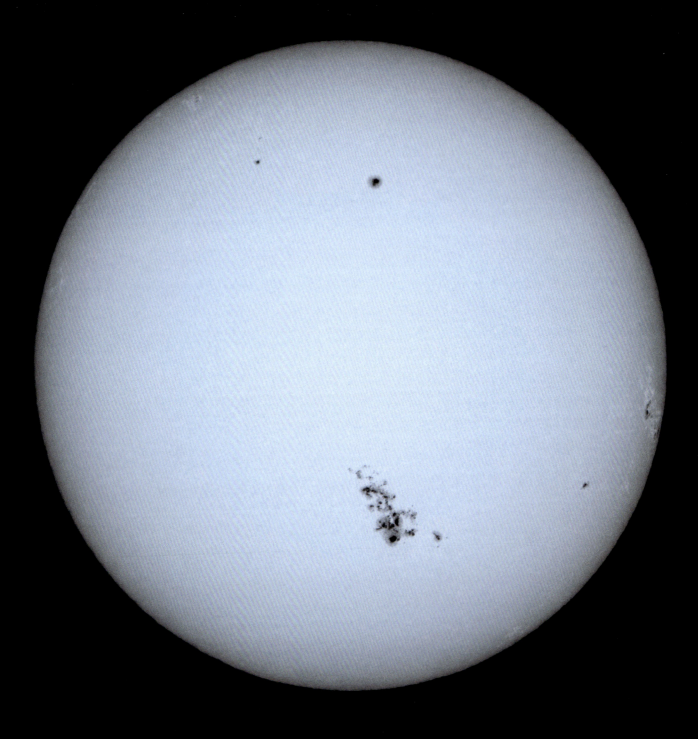

巨大太陽黒点
肉眼で確認できるほど大きな黒点群

　2024年から2025年は、11年周期の太陽活動の極大期といわれ、黒点の数が多い。逆に太陽の活動の極小期には、黒点がまったく見られない日もある。

　太陽表面はふつう6000℃だが、黒点はそれより1500℃ほど低いため、黒く見える。温度が低いのは、黒点に強い磁場があるせいで、太陽内部からやってくるエネルギーが黒点から出にくくなるからだ。ただし、黒点のまわりでは多くのエネルギーが出ていて、白斑というやや白く見える場所もある。

　黒点は太陽の自転に伴い表面を動き、生成消滅したり形を変えたりする。黒点はしばしば黒点群という集まりになる。黒点群にはさまざまな形態があり、黒点の磁場がN極のものとS極のものが対になることが多いが、単独のこともある。

　この写真には近年見られなかったほどの巨大な黒点群が写っている。ここで大規模な爆発現象であるフレアが頻発し、その2日後に地球で大規模な磁気嵐が発生、「低緯度オーロラ」が見られた。日本ではまれに北海道で見られる現象だが、このときは本州各地でも観察された。黒点群が地球から見て正面の位置に近く、高密度で高速の太陽風が地球にやってきたのだ。その低緯度オーロラの写真は94ページにある。

　太陽観測を長くやっていても、これほど大きく複雑な黒点群はめったに見られない。日食グラスを使えば肉眼でも容易に確認できるほどだ。朝日や夕日がまぶしくない状態なら、そのまま目でも見える。

　この写真は10万分の1の明るさに減光するフィルターを7cm屈折望遠鏡につけ、ミラーレス一眼カメラで撮影したものである。太陽の観測は危険が伴うので注意したい。

5月14時 | 千葉県

低緯度オーロラ
大規模フレアが起こす、まれな現象

　オーロラは、太陽風（帯電した粒子〔プラズマ〕）が地球大気の原子や分子に衝突し、それらを発光させることで生じる。北極や南極に近い高緯度地方で見られるオーロラに対し、緯度が低い日本などの中緯度で見られるものを「低緯度オーロラ」という。2024年は太陽活動が活発で、北海道を中心に日本各地で低緯度オーロラが見られた。

　この写真は2024年5月11日に栃木県日光市で撮影したものだ。2日前に太陽表面で大規模なフレア（爆発現象）が起こり、通常より密度が高く、速い太陽風が地球にやってくることが予想された（93ページ参照）。その到達に合わせ、北の空がよく見えて夜空の暗い日光市の山で撮影した。

　日没後の薄明が終わってから、北の低い空がほんのり明るくなったのを感じた。写真で見るとピンク色の混じった赤黒い色であった。インターネットで海外や北海道のオーロラも確認し、これは低緯度オーロラに間違いないと思った。左右に遠くの街灯の橙色の光が少し入ったが、低緯度オーロラはそれとは違う色である。

　太陽には約11年ごとの活動周期があり、その極大期で太陽風が激しくなり、オーロラ活動が活発になる。アラスカやカナダ、北欧などでは連日のようにオーロラが見られる。太陽表面で大規模なフレアが起こったあとには、低緯度オーロラの可能性もある。ただし、太陽風が地球に向かってきて、地球の磁場を大きく乱すことが必要だ。宇宙天気予報というものもあるが、低緯度オーロラの予想は難しい。

　太陽で大規模な爆発が起こったら、2日程度経ってから、夜に、暗くてよく晴れた北の低空を注目したい。

5月20時 | 栃木県

著者略歴 | **武田康男**（たけだ・やすお）

1960年東京都生まれ。東北大学理学部卒業。元高校教諭、第50次南極観測越冬隊員。大学で客員教授、非常勤講師として、地学を教えている。気象予報士。空の写真家、空の探検家。主な著書に『楽しい気象観察図鑑』『すごい空の見つけかた』『世界一空が美しい大陸 南極の図鑑』『雪と氷の図鑑』(以上、草思社)、『虹の図鑑』『ふしぎで美しい水の図鑑』『楽しい雪の結晶観察図鑑』『今の空から天気を予想できる本』(以上、緑書房)、『雲の名前、空のふしぎ』『不思議で美しい「空の色彩」図鑑』(以上、PHP研究所) などがある。

すばらしい空の見つけかた
2025 ⓒ Yasuo Takeda

2025年2月21日　第1刷発行

写真・文　武田康男
装幀者　Malpu Design（清水良洋）
発行者　碇　高明
発行所　株式会社　草思社
　　　　〒160-0022　東京都新宿区新宿1-10-1
　　　　電話　営業 03(4580)7676　編集 03(4580)7680

印刷所　シナノ印刷株式会社
製本所　加藤製本株式会社

イラスト　安原　萌

ISBN978-4-7942-2763-8
Printed in Japan
検印省略

造本には十分注意しておりますが、万一、乱丁、落丁、印刷不良などがございましたら、ご面倒ですが、小社営業部宛にお送りください。送料小社負担にてお取り替えさせていただきます。